BEI GRIN MACHT SICH IHR WISSEN BEZAHLT

AF148899

- Wir veröffentlichen Ihre Hausarbeit,
  Bachelor- und Masterarbeit

- Ihr eigenes eBook und Buch -
  weltweit in allen wichtigen Shops

- Verdienen Sie an jedem Verkauf

Jetzt bei www.GRIN.com hochladen und kostenlos publizieren

Meike Herbers

Unterrichtsplanung: Anwendung des I²C-Busses mit dem ATmega32

GRIN Verlag

Bibliografische Information der Deutschen Nationalbibliothek:

Die Deutsche Bibliothek verzeichnet diese Publikation in der Deutschen National-
bibliografie; detaillierte bibliografische Daten sind im Internet über http://dnb.d-
nb.de/ abrufbar.

Impressum:

Copyright © 2010 GRIN Verlag GmbH
Druck und Bindung: Books on Demand GmbH, Norderstedt Germany
ISBN: 978-3-656-31876-7

Dieses Buch bei GRIN:

http://www.grin.com/de/e-book/197102/unterrichtsplanung-anwendung-des i c-
busses-mit-dem atmega32

GRIN - Your knowledge has value

Der GRIN Verlag publiziert seit 1998 wissenschaftliche Arbeiten von Studenten, Hochschullehrern und anderen Akademikern als eBook und gedrucktes Buch. Die Verlagswebsite www.grin.com ist die ideale Plattform zur Veröffentlichung von Hausarbeiten, Abschlussarbeiten, wissenschaftlichen Aufsätzen, Dissertationen und Fachbüchern.

Besuchen Sie uns im Internet:

http://www.grin.com/

http://www.facebook.com/grincom

http://www.twitter.com/grin_com

Unterrichtsentwurf im Fach Elektrotechnik

Thema: Anwendung des I²C-Buses mit dem ATmega32

Klasse: XXX (Systeminformatiker, 3. Ausbildungsjahr)

Datum: 01.11.2010

Zeit: 9:30 – 10:15 Uhr

Raum: 3.104

Prüfungsausschuss:
(Schulleiter)
(Seminarleiterin Mathematik)
(Seminarleiter Elektrotechnik)

Außerdem sind anwesend:
(Ausbildungslehrkraft Mathematik)
(Ausbildungslehrkraft Elektrotechnik)

Studienreferendarin Meike Weber
4. Semester
RBZ Technik der Landeshauptstadt Kiel
– Standort Gaarden –
Geschwister-Scholl-Strasse 9, 24143 Kiel

1 Bedingungsanalyse

1.1 Informationen zur Klasse

Die 15 Schüler des dritten Ausbildungsjahres der Systeminformatiker werden bis auf zwei
Schüler alle beim Marinearsenal Kiel vornehmlich in einer Ausbildungswerkstatt ausbildet.
Die Schüler des Marinearsenals haben dort bereits eine von ihnen entwickelte
Mikrocontrollerplatine selbst erstellt (ätzen, löten und in Betrieb nehmen) und damit erste
Programme ausprobiert.

1.2 Rahmenbedingungen der Schule

Die von den Schülern im Marinearsenal angewendete Mikrocontrollerplatine wurde auch
dem RBZ-Technik zur Verfügung gestellt und wird im Moment für die tägliche Laborarbeit
aufbereitet (s. Foto auf dem Titelblatt). Zusätzlich werden im Moment die Computer im Labor
neu installiert. Daher wird diese Stunde für vorbereitende Arbeiten zur
Versuchsdurchführung genutzt.

2 Didaktische Analyse

Das Lernfeld 10 „Hard- und Softwarekomponenten integrieren und im System testen" bein-
haltet die Mikrocomputertechnik mit Signal- und Datenerfassung, zugehöriger Interfacetech-
nik, verschiedenen Bussystemen und der Auswertung der aufgenommenen Daten. Um diese
Inhalte abzudecken, steht im Zentrum des ersten Unterrichtsblockes der Mikrocontroller
ATmega32. Im zweiten Unterrichtsblock wird der Roboter Robotino® der Firma Festo mit
unterschiedlichen Sensoren und Steuerungen Gegenstand des Unterrichts.

2.1 Thematische Überlegungen

In den ersten drei Wochen des Lernfeldes sollen anhand einer temperaturabhängigen
Lüftersteuerung für einen Serverschrank die verschiedenen Möglichkeiten des ATmega32
ausgenutzt werden.

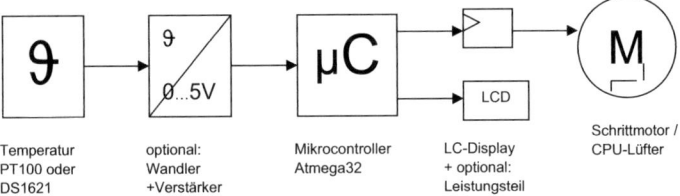

Temperatur	optional:	Mikrocontroller	LC-Display	Schrittmotor /
PT100 oder	Wandler	Atmega32	+ optional:	CPU-Lüfter
DS1621	+Verstärker		Leistungsteil	

Abb. 1: Technologieschema der temperaturabhängigen Lüftersteuerung

Zunächst kann mit dem analogen Sensor PT100, der schon aus dem Lernfeld 6 bekannt ist,
die Temperatur gemessen werden, an die sich eine Analog/Digital-Wandlung im Mikrocontroller anschließt und durch ein Bitmuster ein Schrittmotor angesteuert. Durch den Einsatz
eines digitalen Sensors (z.B. DS1621) können die Werte über den I²C-Bus zum Mikrocontroller übertragen werden und dann über ein Potentiometer den CPU-Lüfter ansteuern.
Als dritte Erweiterung soll durch eine Eingabe am Hyperterminal am PC über die RS232-
Schnittstelle die Drehzahl des Lüfters verändert werden und somit eine Interruptsteuerung
integriert werden.
Da die verschiedenen Möglichkeiten viele neue theoretische Inhalte enthalten, welche die
Schüler sich erarbeiten müssen, können sicher nicht alle Varianten in den drei zur Verfügung

stehenden Wochen bearbeitet werden. Die Temperaturmessung mit dem PT100 und die Analog/Digital-Wandlung wurden im Lernfeld 6 bereits ohne Mikrocontroller durchgeführt. Daher soll diese Variante als Reserve für schnellere Schüler zum Ende der Unterrichtssequenz verbleiben.

2.2 Einordnung der Stunde in die Unterrichtssequenz

In der ersten Woche möchte ich mit dem Aufbau und der Geschichte des Mikrocontrollers im Allgemeinen und mit dem ATmega32 im Speziellen beginnen. Danach realisieren die Schüler mit meinem Kollegen im Labor als ersten Versuch eine Schrittmotorsteuerung, welche die Lüftersteuerung simulieren soll. In der gezeigten Stunde sollen die theoretischen Inhalte des I²C-Busses und deren Umsetzung in der Programmierung erarbeitet werden, so dass die Temperatur mit dem DS1621 abgefragt werden kann und der Motor ab einer bestimmten Temperatur anspringt. Am nächsten Tag gehen die Schüler mit mir ins Labor und probieren ihre entworfenen Programme aus. Als nächste Erweiterung des Projektes soll die Temperatur zusätzlich am Hyperterminal ausgegeben werden. Zuletzt soll die Variante mit der Eingabe über das Hyperterminal realisiert werden.

2.3 Intentionen der Unterrichtsstunde

Aus den obigen Überlegungen ergibt sich für die heutige Unterrichtsstunde die folgende Leitidee:
Die Schüler erarbeiten die Funktionen des I²C-Busses und erstellen einen Programmentwurf, um den zusätzlichen Lüfter an Bord temperaturabhängig steuern zu können.

Berufliche Handlungskompetenz zu fördern, ist erklärtes Ziel der Berufsschule. Sie „entfaltet sich in den Dimensionen von Fachkompetenz, Personalkompetenz und Sozialkompetenz." (MBWFK, S. 4) Diese Stunde soll unterstreichen, dass die Schüler zunächst ihre Arbeitsschritte planen (Struktogramm) bevor sie mit dem Programmieren beginnen.
Die Schüler festigen und erweitern ihre **Fachkompetenz**, indem
- sie sich die Funktionsweise des I²C-Busses erarbeiten und
- systematisch die Header- und Libary-Dateien lesen, nachvollziehen und zur Planung des Programms anwenden.
Durch die Erstellung eines Programmablaufplanes vor der Programmierung am Mikrocontroller festigen die Schüler ihre **Methodenkompetenz**.

3 Methodische Überlegungen

a) Einstieg
Um den Schülern eine Anwendungsmöglichkeit von Mikrocontrollern mit vielen Lösungsmöglichkeiten aufzuzeigen, wird ihnen die folgende Problemsituation auf einer Folie über den Beamer gezeigt. Auf dem Minenjagdboot „Grömitz" fallen immer wieder die Anzeigen für die Suchradare aus. Ein Kollege hat festgestellt, dass ein zusätzlicher Lüfter im Serverschrank Abhilfe schaffen würde. Der Lüfter soll jedoch erst ab einer bestimmten Temperatur eingeschaltet werden. Daher ist es nun ihre Aufgabe, eine temperaturabhängige Lüftersteuerung zu entwickeln.

b) Intuitive Phase
Die Schüler nennen die Komponenten, die sie dafür benötigen und entwickeln gemeinsam ein Technologieschema an der Tafel. Dabei fällt auf, dass der zur Verfügung stehende

digitale Sensor DS1621 über den I²C-Bus angeschlossen werden muss. Gemeinsam wird an der Tafel ein Programmablaufplan bzw. ein Struktogramm entworfen. Daran ist zu erkennen, dass für die Initialisierung die Technologie des I²C-Busses und die Funktion des DS1621 geklärt werden muss. Diese Inhalte müssen erarbeitet werden.

c) Fachgerechte Lösung
Es gibt sehr umfangreiche Literatur zum I²C-Bus und deren Anwendung. Um die Erarbeitung für die Schüler zu erleichtern, habe ich die wesentlichen Inhalte der Definition des I²C-Busses auf zwei Seiten zusammengefasst. Zusätzlich erhalten die Schüler einen Ausdruck der benötigten Header- und Libary-Dateien sowie bei Bedarf einen Auszug aus dem Datenblatt für den DS1621 Sensor. Die meisten Funktionen, die für die Programmierung notwendig sind, sind bereits realisiert und müssen nur angewendet werden. Dazu müssen die Schüler den Quellcode lesen und verstehen. Zusätzlich zu diesen Unterlagen erhalten die Schüler ein Arbeitsblatt (s. Anhang), das als Leitfaden für die Erarbeitung der neuen Technologie und der praktischen Umsetzung bei der Programmierung dient. Damit nicht jeder Schüler alles lesen und erarbeiten muss, wird nach interessenslage in zwei Gruppen, die sich in Kleingruppen aufteilen, gearbeitet und die Ergebnisse später vorgestellt.

d) Ergebnissicherung
Zum Ende der Stunde werden die Ergebnisse der Aufgaben auf dem Arbeitsblatt vorgestellt. Dazu tragen verschiedene Schüler ihre Lösungsvorschläge vor und werden von den anderen Schülern gegebenenfalls ergänzt. Nachdem die Inhalte des Struktogramms klar sind, werden die Schüler ins Labor entlassen.

4 Tabellarische Verlaufsplanung

Lehrerhandlung Die Lehrerin…	Schülerhandlung Die Schüler…	Sozialform	Medien
Einstieg stellt die Problemstellung vor.	hören zu.	Lehrervortrag	Beamer
Intuitive Phase moderiert die Schülerbeiträge.	sammeln die benötigten Komponenten und erstellen ein Technologieschema und ein Struktogramm.	S/L-Gespräch	Tafel
Fachgerechte Lösung unterstützt die Schüler bei Fragen.	erarbeiten sich mit Hilfe des Arbeitsblattes und der verteilten Unterlagen die Technologie des I²C-Busses und dessen Umsetzung in der Programmierung.	Gruppenarbeit	AB, zur Verfügung gestellte Unterlagen
Ergebnissicherung leitet den Vergleich der Aufgaben.	vergleichen ihre Ergebnisse vom Arbeitsblatt.	S/L-Gespräch	AB

5 Anhang

5.1 Erwartetes Tafelbild

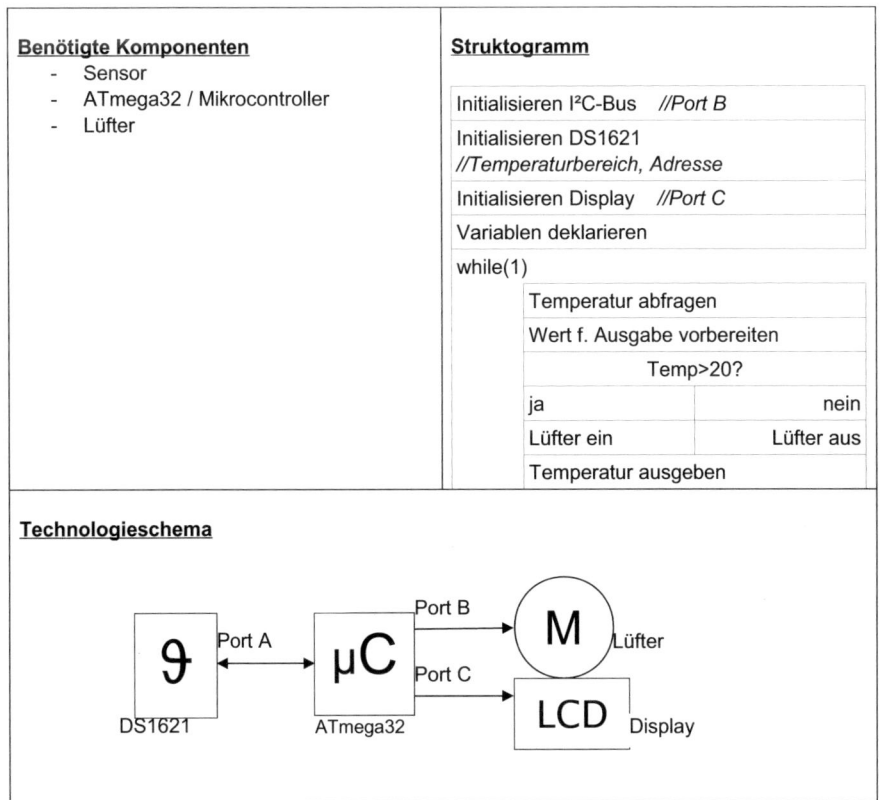

Benötigte Komponenten
- Sensor
- ATmega32 / Mikrocontroller
- Lüfter

Struktogramm

| Initialisieren I²C-Bus   //Port B |
| Initialisieren DS1621 //Temperaturbereich, Adresse |
| Initialisieren Display   //Port C |
| Variablen deklarieren |
| while(1) |

| Temperatur abfragen |
| Wert f. Ausgabe vorbereiten |
| Temp>20? |

| ja | nein |
| Lüfter ein | Lüfter aus |
| Temperatur ausgeben |

Technologieschema

5.2 Literatur

Kultusministerkonferenz der Länder (KMK): Rahmenlehrplan für den Ausbildungsberuf Systeminformatiker/Systeminformatikerin. Bonn: 16.05.2003

5.3 Verteilte Unterlagen

s. folgende Seiten

Auf dem Minenjagdboot „Grömitz" fallen immer wieder die Anzeigen für die Suchradare aus.

Ein Kollege hat festgestellt, dass ein zusätzlicher Lüfter in der Nähe der Monitore Abhilfe schaffen würde. Der Lüfter soll jedoch erst ab 20°C eingeschaltet werden.

Daher ist es nun ihre Aufgabe, eine temperaturabhängige Lüftersteuerung zu entwickeln.

Ihnen wird der digitale Sensor DS1621, der ATmega32 und ein Lüfter (Simulation: Schrittmotor) zur Verfügung gestellt.

Teilen Sie sich nun in 4 Gruppen auf und informieren Sie sich über die Initialisierung des I²C-Busses bzw. des DS1621.

1. I²C-Bus

Lesen Sie die beiden Seiten zur Theorie des I²C-Busses.

A) Erläutern Sie die notwendigen Schritte, um ein Gerät am Bus anzusprechen.

_____

_____

_____

_____

_____

_____

Lesen Sie die I2C.h Datei und beantworten Sie die folgenden Fragen.

B) Wie wird der I²C Bus initialisiert?

2. DS1621-Sensor

Lesen Sie das Datenblatt des DS1621 und beantworten Sie die folgende Frage.

A) Welche Adresse hat der DS1621 Sensor, wenn die Adresspins $A_0 - A_2$ auf GND liegen?

Lesen Sie die DS1621.h Datei und beantworten Sie die folgenden Fragen.

B) Wie wird der DS1621 initialisiert?

C) Mit welchem Befehl kann die Temperatur aus dem DS1621 ausgelesen werden? Geben Sie auch die zu übergebenden Parameter mit an!

```
/*************** i2c.h *********************************************************
  CodeVisionAVR C Compiler
  (C) 1998-2000 Pavel Haiduc, HP InfoTech S.R.L.
  Prototypes for I2C bus master functions

BEFORE #include -ING THIS FILE YOU MUST DECLARE THE I/O ADDRESS OF THE DATA
REGISTER OF THE PORT AT WHICH THE I2C BUS IS CONNECTED AND THE DATA BITS USED
FOR SDA & SCL

  EXAMPLE FOR PORTB:
    #asm
       .equ __i2c_port=0x18
       .equ __sda_bit=3
       .equ __scl_bit=4
    #endasm
    #include <i2c.h>
*/

#ifndef _I2C_INCLUDED_
#define _I2C_INCLUDED_

#pragma used+                          // die folgenden Funktionen (etc.) werden nur dann
                                       deklariert, //wenn der Compiler sie tatsächlich benötigt.
void i2c_init(void);                   //this function initializes the I2C bus.
unsigned char i2c_start(void);         //issues START condition. returns 1=bus is free,0=busy
void i2c_stop(void);                   //issues a STOP condition.
unsigned char i2c_read(unsigned char ack);
/*reads a byte from the bus. The ack parameter specifies if an acknowledgement is to be issued after
the byte was read. Set ack to 0 for no acknowledgement or 1 for acknowledgement.*/

unsigned char i2c_write(unsigned char data);
/*writes the byte data to the bus.Returns 1 if the slave acknowledges or 0 if not.*/
#pragma used-
#endif

/***************************** ds1621.h **************************************************
  Prototypes for the Dallas Semiconductor
  DS1621 I2C bus thermometer/thermostat functions
  CodeVisionAVR C Compiler
  (C) 1998-2000 Pavel Haiduc, HP InfoTech S.R.L.

BEFORE #include -ING THIS FILE YOU   MUST DECLARE THE I/O ADDRESS OF THE DATA
REGISTER OF THE PORT AT WHICH  THE I2C BUS IS CONNECTED AND THE DATA BITS USED
FOR SDA & SCL
*/
#ifndef _DS1621_INCLUDED_
#define _DS1621_INCLUDED_

#include <i2c.h>

#pragma used+
void ds1621_init(unsigned char chip,signed char tlow,signed char thigh,
unsigned char pol);
unsigned char ds1621_get_status(unsigned char chip);
void ds1621_set_status(unsigned char chip,unsigned char status);
void ds1621_start(unsigned char chip);
void ds1621_stop(unsigned char chip);
int ds1621_temperature_10(unsigned char chip);
#pragma used-
#pragma library ds1621.lib

#endif
```

```
/************************************ ds1621.lib *************************
   Dallas Semiconductor DS1621 I2C bus
   thermometer/thermostat functions
   CodeVisionAVR C Compiler
   (C) 1998-2000 Pavel Haiduc, HP InfoTech S.R.L.
*/
union ds1621_temp {                              //eine Struktur mit zwei Variablen!
                         unsigned char b[2];
                         int w;
                         };

unsigned char ds1621_get_status(unsigned char chip)
{
unsigned char i2c_address,status;
i2c_address=0x90|(chip<<1);
i2c_start();
i2c_write(i2c_address);
i2c_write(0xac);
i2c_start();
i2c_write(++i2c_address);
status=i2c_read(0);
i2c_stop();
return status;
}

void ds1621_set_status(unsigned char chip,unsigned char status)
{
i2c_start();
i2c_write(0x90|(chip<<1));
i2c_write(0xac);
i2c_write(status);
i2c_stop();
}

void ds1621_set_temp(unsigned char chip,unsigned char cmd,char data)
{
i2c_start();
i2c_write(0x90|(chip<<1));
i2c_write(cmd);
i2c_write(data);
i2c_write(0);
i2c_stop();
while (ds1621_get_status(chip) & 0x10);
}

void ds1621_start(unsigned char chip)
{
i2c_start();
i2c_write(0x90|(chip<<1));
i2c_write(0xee);
i2c_stop();
}

#if funcused ds1621_stop
void ds1621_stop(unsigned char chip)
{
i2c_start();
i2c_write(0x90|(chip<<1));
i2c_write(0x22);
i2c_stop();
}
#endif
```

```c
void ds1621_init(unsigned char chip,signed char tlow,signed char thigh,
unsigned char pol)
{
ds1621_set_status(chip,8+(pol<<1));     //set configuration register
ds1621_set_temp(chip,0xa2,tlow);        //set low temperature
ds1621_set_temp(chip,0xa1,thigh);        //set high temperature
ds1621_start(chip);                     //start temperature conversions
//while ((ds1621_get_status(chip) & 0x80)==0);
}

#if funcused ds1621_temperature_10
int ds1621_temperature_10(unsigned char chip)
{
union ds1621_temp tt;
unsigned char i2c_addr;
i2c_addr=0x90|(chip<<1);                //Adresse setzen (je nach A_0 – A_2)
i2c_start();                            //Startbedingung
i2c_write(i2c_addr);                    //Adresse schreiben
i2c_write(0xaa);                        //Temperatur lesen
i2c_start();
i2c_write(++i2c_addr);
tt.b[1]=i2c_read(1);                    //Temperatur in Variable in der Struktur schreiben
tt.b[0]=i2c_read(0);
i2c_stop();
return (tt.w>>7)*5;                     //Temperatur zurück geben
}
#endif
```

I²C-Bus Theorie

In vielen modernen elektronischen Systemen wird häufig eine Kommunikation der einzelnen Bausteine untereinander benötigt. Man will aber auch nicht zig Leitungen durch das ganze System legen, also war ein Ziel, so wenig wie möglich Leitungen zu verbrauchen.

I²C-Bus heißt ausgeschrieben Inter IC-Bus, zu Deutsch: Ein Bus, der die Kommunikation zwischen verschiedenen Integrierten Schaltungen ermöglicht bzw. bereitstellen soll.
Philips ist die Mutter dieses Busses, der sich zum quasi-Standard entwickelt hat. Manchmal wird er auch 2-Draht-Bus genannt, was auch nicht abwegig ist, da der Bus tatsächlich nur mit 2 bidirektionalen Leitungen auskommt (Masse und Versorgungsspannung nicht mitgerechnet).
Die erste Leitung wird mit SDA (= serial data) bezeichnet. Über diese Leitungen werden die eigentlichen Daten seriell übertragen.
Die zweite Leitung wird mit SCL (= serial clock) bezeichnet. Hier werden die Takt-Impulse gesendet.

Jeder I²C-Bastein lässt sich über ein 7-bit breites Adress-"Byte" selektieren (dies wurde, wie einiges andere auch, überarbeitet, siehe 10-bit-Adressen). Das 8. Bit des Adressbytes gibt an, ob auf den Baustein lesend oder schreibend zugegriffen werden soll. Die folgenden Bytes sind dann vom jeweiligen Baustein abhängig.

Eine Kommunikation findet immer zwischen einem sog. Master und einem sog. Slave statt. Es gibt auch Multi-Master-Modi, auf diese wird aber in diesem Artikel nicht weiter eingegangen.
Der Master sendet nun eine sog. Start-Condition (s. zweite Seite). Dadurch werden nun alle Slaves am Bus hellhörig und vergleichen ihre Adresse mit der Adresse, die der Master anfordert. Nun können diese beiden Bausteine Daten austauschen. Ist dies erledigt, sendet der Master ein eine Stop-Condition. Dadurch wird der Bus wieder freigegeben und das Spiel kann von vorne beginnen.

So sieht ein lesender Zugriff auf einen DS1621 aus:

	Adresse			Geräte-Subadresse			R/W		Daten								
Start	1	0	0	1	x	x	x	1	Ack	x	x	x	x	x	x	x	x	Stopp

Die ersten vier Bit sind vom jeweiligen Baustein abhängig und können nicht geändert werden. Die drei darauf folgenden Bit sind vom Baustein selbst abhängig, d.h. man kann diese Adresse nach belieben ändern (Pins am Baustein sind hierfür herausgeführt). Dadurch lassen sich insgesamt 8 gleiche Bausteine an einem Bus betreiben.
Das achte Adressbit gibt nun noch an, ob gelesen oder geschrieben werden will. (R =1, W=0)
Nun muss der Slave ein Acknowledge an den Master senden, um zu bestätigen, dass er anwesend und bereit ist. Der Master kann nun die eigentlichen Daten auslesen. Möchte der Master weitere Daten lesen, muss er eine Acknowledge an den Slave senden. Benötigt er keine weiteren Daten, so bleibt dies aus und die Stop-Condition wird gesendet.

(Quelle: http://www.elektronik-magazin.de/page/der-i2c-bus-was-ist-das-21)

Bitübertragung

Um ein Bit als gültig zu werten, muss SCL High sein. SDA darf sich währenddessen nicht ändern (es sei denn es handelt sich um die Start- oder Stoppbedingung, doch dazu später mehr). Um beispielsweise eine 1 zu übertragen, müssen SDA sowie SCL High sein. Für eine 0, muss SDA Low sein, SCL jedoch High.

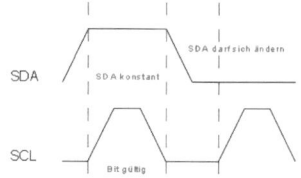

Start- und Stoppbedingungen

Startbedingung

Um die angeschlossenen ICs zu informieren, dass eine Datenübertragung beginnt, muss eine Startbedingung erzeugt werden. Vorher kann keine Datenübertragung erfolgen. Eine Startbedingung wird erzeugt, indem, während SCL High ist, SDA von High auf Low wechselt.

Stoppbedingung

Die Stoppbedingung funktioniert genau anders herum: SCL muss High sein und während dieser Phase wechselt SDA von Low auf High. Die Stoppbedingung beendet, wie der Name schon vermuten lässt, eine Datenübertragung. So kann der Master signalisieren, dass er keine weiteren Daten empfangen oder senden möchte.

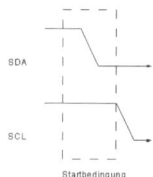

Startbedingung

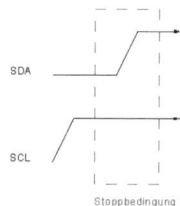

Stoppbedingung

Repeated-Startbedingung

Da die Stoppbedingung gleichzeitig auch eine Freigabe des Busses bedeutet (und dann könnte ja ein anderer Master den Bus übernehmen), gibt es auch den Start ohne vorherigen Stopp. Das wird dann benötigt, wenn vor dem Lesen erst ein Argument/Command an den Baustein geschickt werden muss. Abfolge:

I2C Start
I2C Send Write-Address
I2C Send Argument
I2C Start oder Repeated Start
I2C Send Read-Address
I2C Read Data
....
I2C Stopp oder Release Bus   (Quelle: http://www.rn-wissen.de/index.php/I2C)

Übertragungsprotokoll (Ergänzung)

Der Beginn einer Übertragung wird mit dem Start-Signal vom Master angezeigt, dann folgt die Adresse. Diese wird durch das ACK-Bit vom entsprechenden Slave bestätigt. Abhängig vom R/W-Bit werden nun Daten Byte-weise geschrieben (Daten an Slave) oder gelesen (Daten vom Slave). Das nächste ACK beim Schreiben wird vom Slave gesendet und beim Lesen vom Master. Das letzte Byte eines Lesezugriffs wird vom Master mit einem NAK quittiert, um das Ende der Übertragung anzuzeigen. Eine Übertragung wird durch das Stop-Signal beendet. Oder es wird ein Repeated Start am Beginn einer erneuten Übertragung gesendet, ohne die vorhergehende Übertragung mit einem Stop-Signal zu beenden.

(Quelle: http://de.wikipedia.org/wiki/I²C)